머리가 좋아지는 두뇌게임

스도쿠
SUDOKU

예스북

SUDOKU 3

By Nikoli Co. Ltd.

Copyrights © 2007 by Nikoli Co. Ltd., Japan. All rights reserved.

 **아하! 스도쿠**

스도쿠의 두뇌훈련은 계속된다. 스도쿠의 깊이는 끝이 없다. 상급편은 여러 번의 시행착오에도 불구하고 막다른 길에서 새로운 길을 찾아내 겠다는 도전의식이 많은 사람들을 대상으로 한 어려운 난이도의 책이 다. 스도쿠를 처음 접하는 사람은 초급 문제부터 도전하는 것이 좋으 며 굳이 이 책부터 하고 싶다면, 설명을 여러 번 읽은 후 도전하도록 하자.

 **스도쿠 규칙**

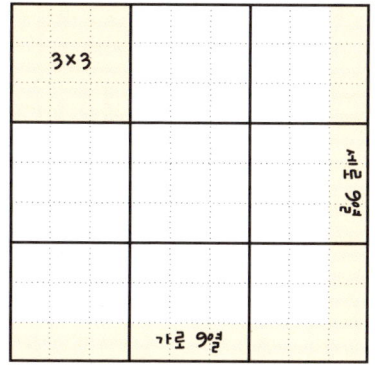

1. 빈 칸에 1부터 9까지의 숫자 중 하나를 채워 넣는다.
2. 가로(9열), 세로(9열), 두꺼운 선으로 둘러쳐진 3×3블록 (각 9칸 있는 3×3블록이 9개 있다)의 어느 곳이든 1~9까 지의 숫자들이 하나씩만 들 어간다.

스도쿠 푸는 방법

회색 숫자는 초급 요령으로 채워 넣을 수 있는 숫자다.

예를 들어 상단 중간에 있는 3×3 블록에서는 회색의 7이외의 칸은 이미 세로 A5와 가로열 B2에 7이 들어가 있으므로 이 칸에만 7이 들어간다.

그럼 더 어려운 사고를 해보자.

그 블록에 7과 8이 들어가고 현재 1, 6, 7, 8, 9가 들어가 있다. 여기서 4가 들어갈 위치를 따져보자. 6의 세로열 A5에는 4가 있으므로 6의 상하 칸에는 4가 들어가지 못하고, 6의 좌우 어딘가 4가 들

4

어가게 된다. 이 말은 위에서 두 번째의 가로 B2열에서 이 두 칸 이외
에는 4가 들어가지 않는다는 것이다.

여기서 왼쪽 위의 블록을 살펴보자. 위에서 두 번째 가로열에는 4가 들어가지 않으므로 이미 들어가 있는 4와 겹치지 않도록 하려면 4를 넣을 수 있는 칸은 원이 그려진 칸 밖에 없디.

여기서부터는 과정을 살펴보도록 하자.

Ⓐ 칸에 들어갈 수 있는 숫자를 생각해보자. 가로열 B4, 세로열 A4, 3×3 블록 중에 이미 들어가 있는 숫자와 겹치지 않는 숫자는 5밖에 없다. 5를 넣어보자. 이런 칸은

발견하기 어렵지만 막혔을 때는 끈기있게 찾아보도록 하자.

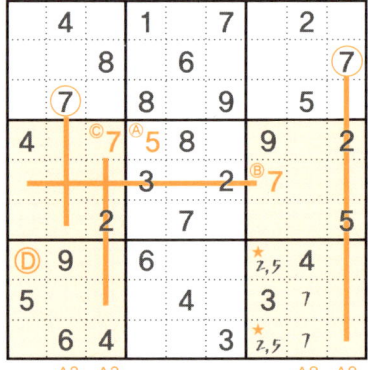

A8, A9에 2와 5가 있기에 오른쪽 아래 블록에서 2가 들어갈 칸은 별표시가 있는 칸들이다. 즉 이 두 칸은 2나 5가 들어가도록 예약이 되어 있다는 뜻이다. 이런 칸을 발견했으면 작게 2와 5라고 적어두면 나중에 알기쉽다.

A9에 7이 있고, 별표시가 된 칸이 2와 5숫자로 예약이 되어 있으므로 오른쪽 아래 블록에서 7이 들어갈 칸은 4 아래의 두 칸 중 하나다. 그렇게 하면 A8, A9에 7이 있기에 오른쪽 중간 블록에서 7이 들어갈 칸은 ⑧다. 초급 요령으로 풀어 ⓒ도 7이 들어간다. 아래에서 세 번째 가로열 A3을 보면 지금

넣은 A3의 7을 포함해서 A2 세로열의 7과 겹치지 않게 7을 넣을 수 있는 것은 Ⓓ칸뿐이다.

Ⓓ에 7을 넣으면 왼쪽 아래 블록에서 2와 8이 들어가는 것은 다이아몬드 표시를 한 두 칸 중 하나가 되어 이 두 칸은 2와 8로 예약이 된다. 이렇게 하면 이 블록의 나머지 두 칸에는 1과 3이 들어간다는 것을 알 수 있다. 3은 Ⓕ의 오른쪽에 있으므로 Ⓔ, Ⓕ에 3과 1이 들어간다.

좀더 진도를 나아가 보자.
왼쪽에서 세 번째 세로열 A3을 살펴보자.
지금 1, 3이 들어가 있으므로 남은 것은 5, 6, 9의 세 개다. Ⓖ칸은 오른쪽에 5와 9가 있으므로 넣을 수 있는 것은 6뿐이다.

	4		1		7	6,8	2	6,8
	8		6			Ⓚ	Ⓙ	7
7	Ⓖ6	8		9		Ⓘ	5	Ⓛ
4		©7	Ⓐ5	8		9		2
		3			2	Ⓑ7		
	2			7				5
Ⓓ7	9	Ⓔ3	6			2,5	4	
5	2,8	Ⓕ1		4		3	7	
2,8	6	4			3	2,5	7	

마지막으로 오른쪽 위 블록으로 가보자.

Ⓖ에 6이 들어갔으므로 이 블록에서 6이 들어가는 것은 세모표시가 된 두 칸이다. 마찬가지로 8도 세모칸 표시 중 하나에 들어가므로 이 두 칸은 6과 8로 예약이 된다. 앞에서와 같은 요령으로 Ⓗ 3, Ⓘ는 4, 그 결과, Ⓙ는 9, Ⓚ는 1을 넣을 수 있다.

어떤 퍼즐은 막다른 길이 하나만 있거나 혹은 꼬인 정도이지만, 어떤 것은 정확한 답을 찾기전에 적어도 하나 이상의 막다른 길이 있고 그 것을 헤쳐나가는데 더 많은 갈림길이 나올 수 있다.

그러니 1권(Easy)과 2권(Normal)에서 익힌 규칙을 기억하고, 새로운 길을 위한 시행착오를 두려워하지 않고 절대 포기하지 않도록 하자.

저절로 당신은 나무가 아닌 숲을 보는 지혜를 터득하여 당당히 스도쿠의 고수로 거듭날 것이다.

자, 스도쿠의 묘미를 즐겨보자!

LEVEL 1

SUDOKU

Question 1

		2	4				8	7
		5	3					
					1	4		
8					3	2		
2								8
		6	9					3
		3	1					
					6	8		
4	7				2	5		

DATE : ....

TIME : ....

11

Question 2

	9				1			
5		1				8		
	8			9			7	
3			7					2
	5			4			6	
7					8			3
	7			6			4	
		9				7		6
			8				9	

DATE : ....

TIME : ....

Question 3

2				1				7
				5				
	9	4				2	1	
7			6		5			8
9			2		7			4
	5	1				7	4	
				3				
6				2				3

DATE : ....

TIME : ....

Question 4

2			5		7			
	6			1			7	
				3				8
7			1		2			
	8						6	
			3		8			5
3				8				
	7			5			2	
			4		1			6

DATE : ....

TIME : ....

Question 5

9			7		4	1		8
		6	7		4			
	5			3				2
	7						9	
		3		8		2		
	1						5	
7				9			4	
			4		6	5		
5		9						6

DATE : ....

TIME : ....

15

Question 6

9					5			7
	2		6				5	
		1				3		
	4			3			2	
2								4
	5			1			6	
		2				8		
	3				6		4	
6			7					1

DATE : ....

TIME : ....

16

Question 7

		7	5			1		
			9		3			
4		8						2
2	3				5		7	
				7				
	4		2				1	3
6						7		1
			1		7			
		5			2	6		

DATE : ....

TIME : ....

Question 8

				4	5			
	5		9			1		
	2		1			8		
8				7	6			
3								9
			4	1				6
		1			2		7	
		3			1		4	
			6	8				

DATE : ....

TIME : ....

Question 9

7			1					
	6			9				1
		2					4	
8					4			6
	9			6			8	
3			5					7
	8					5		
9				8			6	
					3			4

DATE : ....

TIME : ....

Question 10

	6			1			8	
9			8		7			5
		2			4			
	4					7		
	2						6	
		5					1	
			2			8		
4			7		8			3
	1			6			5	

DATE : ....

TIME : ....

Question 11

	6		5				7	
9			4	1				5
				9				
						2	3	
		3	7		1	5		
	2	8						
			3					
6				4	5			9
	8				6		1	

DATE : ....

TIME : ....

Question 12

9			4			7		
	4			6	2			
		3						5
			8				9	
		5				3		
	6				9			
8						4		
			3	7			8	
		7			1			6

DATE : ....

TIME : ....

Question 13

3							8	9
2			9	3	4			
						5		
		1					7	
	9		6		8		5	
	3					9		
		7						
			8	1	7			6
8	1							4

DATE : ....

TIME : ....

Question 14

		3			6		5	
			8					1
7				3		9		
	8				7			9
		5				7		
2			5				8	
		8		1				3
6					2			
	9		7			2		

DATE : ....

TIME : ....

Question 15

	1		5		3			
		3				5		
	8			9		4		
6			9				7	
	5			3			1	
	7				1			8
		2		8			6	
		8				1		
			6		7		9	

DATE : ....

TIME : ....

Question 16

		4	6				5	
		5	6					2
1	2		9	8				
	1	9						
		6				7		
						6	3	
				5	1		8	7
3					4	1		
	8					2		

Question 17

	6					8		
		5	4				1	
1				9				7
4					1	2		
	9						3	
		3	2					6
9				7				2
	8				2	6		
		2					7	

DATE : ....

TIME : ....

Question 18

	8				3	6		
1		4		7				
			4			5		7
		1						6
	4		5		6		7	
9						1		
6		7			4			
				8		4		2
		8	1				9	

DATE : ....

TIME : ....

Question 19

		3	6					4
		3	6				7	
2	8			4	3			
7	3					1		
		9				6		
		1					9	5
			9	6			5	8
	4				1	3		
5								

DATE : ....

TIME : ....

Question 20

				9	6			
			7	2				
		8	1			3		
7						8	4	
1	4						6	7
	6	2						9
		1			4	5		
				6	7			
			9	3				

DATE : ....

TIME : ....

Question 21

		3				9		
	4		6		3			
2		6						7
	5		2		7		6	
				3				
	7		1		4		8	
6						5		8
			8		5		7	
		8				4		

DATE : ....

TIME : ....

Question 22

	4		3					9
		2					8	
8			2			6		
	9				5			
3		4		1		9		6
			9				3	
		7			6			3
	1					8		
4					7		2	

DATE : ....

TIME : ....

Question 23

		6			7			9
	3			5				
2			9			8		
7			1			6		
	8			9			3	
		2			6			1
		4			1			8
				6			5	
3			5			4		

DATE : ....

TIME : ....

Question 24

		6				2		
	9			6			7	
5			9		1			8
	1				4			
		9		1		6		
			8				1	
1			4		7			5
	2			8			3	
		3				7		

DATE : ....

TIME : ....

Question 25

	8			1			6	
		2				5		
	9		8			2		
4			2				8	
	7			4			3	
	1				6			9
		6			8		9	
		1				3		
	2			3			7	

DATE : ....

TIME : ....

Question 26

	7			4				3
		4	7				6	
1						2		
	4				3			5
		9				3		
7			6				1	
		3						7
	2				1	9		
4				2			3	

DATE : ....

TIME : ....

Question 27

		3			8			7
	2			4			5	
5			9			3		
					6			2
	3			8			4	
9			7					
		9			1			5
	1			9			3	
8			5			1		

DATE : ....

TIME : ....

Question 28

	1			5			4	
6					8			2
		8				1		
	3		8		1			
2								6
			7		4		8	
		7				9		
5			9					8
	6			7			2	

Question 29

				2			4	
3	5						9	
		8	3			6		
6				9	8			
	1						7	
			5	4				8
		1			3	9		
	6						2	7
	2			5				

DATE : ....

TIME : ....

Question 30

		7	5					
	6			2				
		5	8			3	4	
					8			6
	9	4				8	7	
5			7					
	8	3			2	5		
			9				3	
					1	2		

DATE : ....

TIME : ....

40

Question 31

	7			8				
			9		2			1
		2		7		5		
	3						5	
1			7		6			9
	9						4	
		4		2		6		
2			5		3			
				6			7	

DATE : ....

TIME : ....

41

Question 32

					9	5			
		4	8				9		
	7							5	
2				8				4	
3			5		4				7
	5			6					1
	1							3	
		3				2	6		
			7	1					

DATE : ....

TIME : ....

Question 33

			2	1			4	9
			5					3
9	4					8		
7					6	5		
		6	3					4
		5					9	1
8					4			
2	1			3	7			

DATE : ....

TIME : ....

Question 34

9				7	3			
	1		9					7
	4					2		5
				4	8		2	
	5		2	6				
6		8					1	
7					9		4	
			7	3				9

DATE : ....

TIME : ....

Question 35

9				6				5
	6						3	
		5		3		4		
			7		2			
8		7				2		9
			6		4			
		2		5		7		
	3						9	
1				7				2

DATE : ....

TIME : ....

Question 36

	2						7	
7				5	9			6
			7			2		
		6					9	
2			5		1			3
	3					4		
		9			4			
4			6	3				2
	8						1	

DATE : ....

TIME : ....

46

Question 37

	2			3				
		3	7				6	
				5		9		7
4		1			9			
	6			8			1	
			5			6		3
3		8		2				
	4				8	7		
				6			5	

DATE : ....

TIME : ....

Question 38

3						9	7	
	7			2	1			8
		5	4					
2					5	3		
	4						1	
		3	1					6
					2	4		
9			7	5			2	
	2	6						9

DATE : ....

TIME : ....

Question 39

1						5		2
	9			5			7	
8				3				
			1		4			
	3	8				4	2	
			3		5			
			9					6
	7		4				3	
3		4						8

DATE: ....

TIME : ....

49

Question 40

			2	4		5	3	
3	2				5			
		1						
			3				8	5
		6				2		
2	9				4			
						8		
			8				9	4
	7	4		2	6			

DATE : ....

TIME : ....

Question 41

8			3					7
	7			2			1	
		9				2		
5					2			
	8			1			7	
			5					3
		4				5		
	2			4			6	
9					1			8

DATE : ....

TIME : ....

LEVEL 2

Question 42

			1		4		6	
8		3				1		
	7						9	
9			2					5
	8			7			3	
3					1			9
	3						7	
		6				2		4
	1		7		6			

DATE : ....

TIME : ....

Question 43

			1			3		
	7			3	6		9	
9								
	5			6				8
	4		5		9		3	
6				8			2	
								7
	3		9	7			6	
		1			2			

DATE : ....

TIME : ....

Question 44

		7				8		
	8		2		5		6	
3						7		1
	2		5				9	
				4				
	5				3		1	
9		6						4
	4		8		6		3	
		2				6		

DATE : ....

TIME : ....

			5	4				2
	3	8					1	
5							7	
			3	7		1		
		6				5		
		1		2	8			
	9							1
	4					2	6	
7				6	3			

DATE : ....

TIME : ....

Question 46

		3			4			6
6	8						7	
				8	2			
	5		1					7
	1						3	
4					8		2	
			9	7				
	2						1	9
5			8			4		

DATE : ....

TIME : ....

Question 47

	7		2		6			
		3	2			8	6	
				1				7
7					5			
	5	8		2		6	3	
			8					9
6				5				
	9	5			1	7		
			9				1	

DATE : ....

TIME : ....

Question 48

7						3	8	
8				6	1			
	9		4				7	
			2			9		
		7		4		6		
		9			5			
	6				4		5	
			6	8				9
	8	3						2

DATE : ....

TIME : ....

Question 49

		5						
	7		3		6		1	
		6		2		8		3
	3						7	
			9		8			
	1						4	
7		8		4		1		
	6		8		3		2	
						6		

DATE : ....

TIME : ....

Question 50

7					8		4	
	2			1				7
		6				2		
					5			3
	7			2			1	
8			9					
		1				5		
5				7			6	
	8		3					2

DATE : ....

TIME : ....

Question 51

		6				9		
	1		5		4		7	
				3				
3		9				8		4
			8		2			
5		8				6		1
				6				
	5		9		7		8	
		3				2		

DATE : ....

TIME : ....

Question 52

						4		
	9			2			5	
4		5			7			1
	8		1					
3		1				2		7
					5		3	
9			6			7		5
	3			5			2	
		4						

DATE : ....

TIME : ....

Question 53

5		9				1		
	2		3				6	
6				2				4
	3				8			
		6				2		
			5				1	
7				6				9
	8				7		2	
		1				3		5

DATE : ....

TIME : ....

Question 54

		8	6					
	7						8	3
5					3	1		
6			3	5				
	9						1	
				8	1			9
		4	7					1
3	8						4	
					5	2		

Question 55

4				8				2
		6				7		
			2				6	
	1			9	4			6
		7				3		
5			6	2			8	
	4				9			
		2				5		
3				7				4

DATE : ....

TIME : ....

Question 56

		2	1					
	9			3		1		
		4	7		2		9	
					1		3	
		9				5		
	4		8					
	3		9		5	4		
		8		7			6	
					3	8		

DATE : ....

TIME : ....

Question 57

				2	5			
1	3		4				5	
		2						4
7					4	9		
	5			6			4	
		8	3					5
6						2		
	4				2		8	1
			1	9				

DATE : ....

TIME : ....

Question 58

				6		3	1	
2	7			6		3	8	
	9		2	4				
						8		
	3	2				7	6	
		6						
			1	4		7		
	1	3	7				4	5
	8							

DATE : ....

TIME : ....

		5	2					
	6		8			5	3	
7				1			6	
1	3				8			
		8				6		
			4				1	5
	2			8				4
	4	9			5		8	
					4	1		

DATE : ....

TIME : ....

Question 60

		8						
	5	4	1				6	
		1				8	7	4
				3			2	
			6	2	5			
	4			8				
6	3	7				4		
	1				6	5	8	
						9		

DATE : ....

TIME : ....

Question 61

					8			
		5			4		3	7
		3				1		
7	3		2			8		
			6		5			
		9			1		4	2
		7				9		
8	6		9			2		
			4					

DATE : ....

TIME : ....

Question 62

			8		6			
		4		5				
	2		3		7			
8		3				6		4
	9						8	
1		5				3		2
			7		9		6	
				3		9		
			1		8			

DATE : ....

TIME : ....

73

Question 63

2			5			9		
9			8				1	
		8				2		
6			3				7	
	2						5	
	5				4			1
		3				8		
	7				3			5
		5		2				6

DATE : ....

TIME : ....

Question 64

	4	7				5		
			4					1
6				7				8
			8		9		5	
		9				2		
	2		1		3			
7				3				4
1					5			
		3				1	6	

DATE : ....

TIME : ....

Question 65

		4				8		
	1		3		5		2	
		5				1		
1				2				7
	5						8	
8				4				6
		3				7		
	2		7		6		3	
		6				9		

DATE : ....

TIME : ....

Question 66

8	5				2	7		
				5				
		6	9				4	5
		8	5				7	3
4	2				3	6		
1	6				7	8		
				8				
		7	3				9	2

DATE : ....

TIME : ....

Question 67

			9	4			3	
		9			2		8	
		3			1			9
	4					6		
	5						7	
		6					1	
7			1			4		
	3		2			5		
	2			8	6			

DATE : ....

TIME : ....

Question 68

7					1			
	9			8				3
		5	6				2	
						8		7
	4			3			6	
8		9						
	6				5	9		
5				6			1	
			7					4

DATE : ....

TIME : ....

Question 69

					7			
		5	3			1		
	4			5			2	
6			1		8		7	
		7				8		
	1		6		3			2
	6			4			9	
		4			2	5		
			8					

DATE : ....

TIME : ....

Question 70

	9			3			5	
3			2		5			7
				8				
		7				9		
	3		8		1		6	
		1				5		
				7				
2			1		3			8
	7			5			1	

DATE : ....

TIME : ....

SUDOKU Level 2

6					8			
	5	3	1			8		
				9			5	
			8		9		2	
		1				5		
	4		2		7			
	9			7				
		7			3	1	6	
			6					8

DATE: ....

TIME: ....

Question 72

4								
2	7		1			6		
			7	3		4	5	
		6						
		4	3		6	9		
						5		
	3	1		2	5			
		8			9		1	5
								8

DATE : ....

TIME : ....

Question 73

		6			9			
7			4	8				2
	2						1	
		8				6		
5			2		8			7
		9				1		
	3						4	
8				7	4			5
			6			9		

DATE : ....

TIME : ....

Question 74

9					5			
	3			8				
		7	4				8	
						2		7
4		8		6		5		1
6		2						
	6				3	7		
				5			9	
			2					4

DATE : ....

TIME : ....

	6	7			5			
5				6				8
			3			1	6	
	3							1
9				2				4
8							7	
	4	6			3			
1				8				6
			1			5	4	

DATE : ....

TIME : ....

Question 76

				9	1			2
9	5					3		
		6					9	
			7	3			1	
2								9
	3			4	5			
	4					6		
		8					4	5
7			4	2				

DATE : ....

TIME : ....

Question 77

8					3			1
3					9		8	
		7						
	9			1				5
	5		2		6		4	
1				7			6	
						3		
	6		4					7
4			5					2

Question 78

	4				3			
		2	9					7
				8			1	
4			1		6		8	
		3				2		
	5		8		7			1
	2			5				
8					1	6		
			3				9	

Question 79

5			4					6
		3				5		
	1			9			4	
			6		5			2
		7				3		
2			9		1			
	5			8			9	
		1				4		
6					2			8

DATE : ....

TIME : ....

Question 80

				9				
2	6	1				8	9	4
			4		6			
		6				5		
	5			2			8	
		8				3		
			7		5			
5	4	7				6	1	2
				1				

DATE : ....

TIME : ....

			8			5		
		7		9			1	
	4				3			6
5						1		
	8			1			4	
		6						5
6			1				7	
	5			2		3		
		4			9			

DATE : ....

TIME : ....

Question 82

		9				6		
	8				2		7	
5			8	7				3
	4							
		6	4		3	9		
							1	
4				8	1			5
	6		9				2	
		2				7		

DATE : ....

TIME : ....

Question 83

							5	
4	2			9		6	8	
	5		3					
			1		3	5		
	6						4	
		2	9		6			
					9		6	
	4	3		8			2	9
	7							

DATE : ....

TIME : ....

LEVEL 3

8²34
7⁹9²

SUDOKU

Question 84

1	7					3	5	
				2	6			
		4	5					
9	4				3	2		
		7	1				4	5
					7	8		
			6	1				
	8	2					1	9

DATE : ....

TIME : ....

Question 85

			7	3				1
		9	2				8	
	8	2				4		
			9				5	
		3				8		
	6				1			
		7				5	6	
	2				4	3		
9				2	3			

DATE : ....

TIME : ....

Question 86

5						9		2
		8	7					
6				4			3	
			1		5		9	
		1				3		
	7		3		9			
	4			8				3
					3	6		
2		3						5

DATE : ....

TIME : ....

Question 87

		2			9			8
	8				2			1
4				7			5	
			5			6		
		1				3		
		3			4			
	6			1				2
7			8				9	
8			9			4		

DATE : ....

TIME : ....

Question 88

9			2		8			5
	2			5			4	
7				6				1
	4		8		7		2	
3				1				4
	9			3			7	
5			4		1			3

DATE : ....

TIME : ....

Question 89

					9		4	
		2			7			5
5			1					
	3			2				7
	8		7		1		6	
1				3			9	
					4			3
7			9			2		
	4			6				

DATE : ....

TIME : ....

Question 90

	1				7		3	
5			2					8
				1				
	7		5			3		
8			6		4			5
		6			1		7	
				6				
1					2			4
	3		4				9	

DATE : ....

TIME : ....

103

Question 91

		4	6				5	
	6			5				4
	9				4			
			3			8		2
		9				5		
1		7			9			
			9				3	
7				4			8	
	4				8	2		

DATE : ....

TIME : ....

104

Question 92

	4		3				6	
2				9				8
		8				4		
					9			5
	6			5			7	
9			8					
		2				1		
8				7				6
	1				5		3	

DATE : ....

TIME : ....

Question 93

		6			1			7
	5						9	
3				2				
	8		5		2			9
		4				2		
7			8		3		4	
				5				4
	2						5	
8			7			6		

DATE : ....

TIME : ....

Question 94

		9		6		8		
			4		7			
3		4				1		2
	3						2	
7				4				9
	2						8	
8		3				5		1
			3		5			
		5		9		6		

DATE : ....

TIME : ....

Question 95

	2		3		5		6	
		6				4		
5				6				1
			4		3			
		1		9		5		
			7		6			
7				2				9
		8				6		
	4		8		9		3	

DATE: ....

TIME: ....

Question 96

				3				
4		3				2		7
	9		5		8		3	
		7				3		
			4		2			
		5				1		
	7		6		3		1	
2		1				6		9
				8				

DATE : ....

TIME : ....

109

Question 97

				5		2		
	4			6		9		
9		3			2			
			7				5	
3		8				4		1
	1				6			
			9			8		6
		6		1			4	
		9		7				

DATE : ....

TIME : ....

Question 98

	8		1				7	
5				7				8
		6				3		
			5		1			9
	5						6	
2			8		6			
		4				9		
8				2				3
	6				9		1	

DATE : ....

TIME : ....

111

Question 99

1	7			3				
		8			1	9		
			2				5	
	1				6			3
		4				6		
5			9				8	
	4				2			
		7	5			1		
			9				3	7

DATE : ....

TIME : ....

Question 100

	4		7		3		6	
		8		6		9		5
	2				5		8	
7								1
	6		1				3	
6		9		4		7		
	5		8		7		2	

DATE: ....

TIME : ....

Question 101

	6						4	
2			6		9			7
		1				3		
	5			8			7	
4			9		7			5
	9			5			2	
		7				4		
5			3		8			1
	2						9	

DATE : ....

TIME : ....

Question 102

	2						7	
5								3
		4	3		8	1		
		2	6		1	8		
		7	2		4	6		
		3	8		5	4		
9								1
	1					3		

DATE : ....

TIME : ....

Question 103

						2		
	2	8			6		5	
4				9			3	
	9		7		4			
		1				3		
			5		8		9	
	6			7				2
	4		9			1	7	
		7						

DATE : ....

TIME : ....

Question 104

7			9					1
	3			1			7	
		8				4		
				4				5
	1		3		9		8	
3				2				
		6				1		
	2			5			6	
4					3			7

DATE : ....

TIME : ....

Question 105

2					3	7		
3				7				
7				5			6	
		9	3				8	
	4						2	
	6				1	5		
	8			3				4
				8				9
		1	6					7

DATE : ....

TIME : ....

Question 106

		5				9		
	9			3			7	
1				4				8
			8		4			
	4	7				5	8	
			3		6			
3				1				7
	8			9			5	
		2				6		

DATE : ....

TIME : ....

Question 107

9		1				2		5
	2			1			6	
				7				
3			1		9			
	4						5	
			5		3			6
				8				
	7			5			2	
6		4				1		7

Question 108

	3			7			1	
4			5					7
		8				6		
	5		4		9			
2								9
			6		3		7	
		1				2		
3					8			6
	9			1			8	

DATE : ....

TIME : ....

Question 109

9				7			2	
			8		4			3
		5				1		
	3				1			8
		6		4		3		
7			3				1	
		8				9		
6			7		3			
	9			2				4

DATE : ....

TIME : ....

Question 110

	8			7			9	
3			4		8			7
		4				5		
	6				2			
		9		8		4		
			5				3	
		1				2		
2			7		3			9
	7			6			1	

DATE : ....

TIME : ....

Question III

	2							
6		9						
	1		8		5			
9		4		5		7		1
			7		3			
7		1		2		3		8
			3		4		9	
						5		2
							6	

DATE : ....

TIME : ....

Answers

SUDOKU

Answer 1

9	1	2	4	6	5	3	8	7
7	4	5	3	8	9	1	2	6
3	6	8	2	7	1	4	5	9
8	9	7	6	4	3	2	1	5
2	3	4	5	1	7	6	9	8
1	5	6	9	2	8	7	4	3
6	8	3	1	5	4	9	7	2
5	2	1	7	9	6	8	3	4
4	7	9	8	3	2	5	6	1

Answer 2

6	9	7	3	8	1	5	2	4
5	2	1	6	7	4	8	3	9
4	8	3	5	9	2	6	7	1
3	1	4	7	5	6	9	8	2
9	5	8	2	4	3	1	6	7
7	6	2	9	1	8	4	5	3
2	7	5	1	6	9	3	4	8
8	3	9	4	2	5	7	1	6
1	4	6	8	3	7	2	9	5

Answer 3

2	3	8	9	1	6	4	5	7
1	7	6	4	5	2	3	8	9
5	9	4	3	7	8	2	1	6
7	1	3	6	4	5	9	2	8
4	8	2	1	9	3	6	7	5
9	6	5	2	8	7	1	3	4
3	5	1	8	6	9	7	4	2
8	2	9	7	3	4	5	6	1
6	4	7	5	2	1	8	9	3

Answer 4

2	1	8	5	9	7	6	4	3
9	6	3	8	1	4	5	7	2
5	4	7	2	3	6	1	9	8
7	3	5	1	6	2	9	8	4
1	8	2	9	4	5	3	6	7
6	9	4	3	7	8	2	1	5
3	2	6	7	8	9	4	5	1
4	7	1	6	5	3	8	2	9
8	5	9	4	2	1	7	3	6

🌼 Answer 5

9	3	4	6	5	2	1	7	8
8	2	6	7	1	4	9	3	5
1	5	7	9	3	8	4	6	2
4	7	5	2	6	1	8	9	3
6	9	3	5	8	7	2	1	4
2	1	8	3	4	9	6	5	7
7	6	2	8	9	5	3	4	1
3	8	1	4	7	6	5	2	9
5	4	9	1	2	3	7	8	6

🌼 Answer 6

9	8	4	3	2	5	6	1	7
3	2	7	6	9	1	4	5	8
5	6	1	4	7	8	3	9	2
1	4	6	8	3	7	9	2	5
2	7	3	5	6	9	1	8	4
8	5	9	2	1	4	7	6	3
4	1	2	9	5	3	8	7	6
7	3	5	1	8	6	2	4	9
6	9	8	7	4	2	5	3	1

🌼 Answer 7

3	6	7	5	2	4	1	8	9
5	1	2	9	8	3	4	6	7
4	9	8	7	1	6	3	5	2
2	3	1	6	4	5	9	7	8
8	5	9	3	7	1	2	4	6
7	4	6	2	9	8	5	1	3
6	8	3	4	5	9	7	2	1
9	2	4	1	6	7	8	3	5
1	7	5	8	3	2	6	9	4

🌼 Answer 8

1	3	6	8	4	5	2	9	7
4	5	8	9	2	7	1	6	3
9	2	7	1	6	3	8	5	4
8	1	9	3	7	6	4	2	5
3	6	4	2	5	8	7	1	9
2	7	5	4	1	9	3	8	6
6	4	1	5	3	2	9	7	8
5	8	3	7	9	1	6	4	2
7	9	2	6	8	4	5	3	1

 Answer 9

7	3	9	1	4	6	2	5	8
4	6	8	2	9	5	3	7	1
5	1	2	8	3	7	6	4	9
8	2	5	9	7	4	1	3	6
1	9	7	3	6	2	4	8	5
3	4	6	5	1	8	9	2	7
6	8	4	7	2	9	5	1	3
9	5	3	4	8	1	7	6	2
2	7	1	6	5	3	8	9	4

 Answer 10

7	6	4	3	1	5	2	8	9
9	3	1	8	2	7	6	4	5
5	8	2	6	9	4	3	7	1
1	4	9	5	8	6	7	3	2
8	2	3	1	7	9	5	6	4
6	7	5	4	3	2	9	1	8
3	5	7	2	4	1	8	9	6
4	9	6	7	5	8	1	2	3
2	1	8	9	6	3	4	5	7

 Answer 11

3	6	4	5	8	2	9	7	1
9	7	2	4	1	3	6	8	5
8	5	1	6	9	7	3	4	2
7	1	6	8	5	9	2	3	4
4	9	3	7	2	1	5	6	8
5	2	8	3	6	4	1	9	7
1	4	9	2	3	8	7	5	6
6	3	7	1	4	5	8	2	9
2	8	5	9	7	6	4	1	3

 Answer 12

9	8	6	4	5	3	7	1	2
5	4	1	7	6	2	8	3	9
2	7	3	1	9	8	6	4	5
3	2	4	8	1	6	5	9	7
1	9	5	2	4	7	3	6	8
7	6	8	5	3	9	1	2	4
8	1	9	6	2	5	4	7	3
6	5	2	3	7	4	9	8	1
4	3	7	9	8	1	2	5	6

Answer 13

3	7	6	2	5	1	4	8	9
2	8	5	9	3	4	1	6	7
1	4	9	7	8	6	5	2	3
5	2	1	4	9	3	6	7	8
7	9	4	6	2	8	3	5	1
6	3	8	1	7	5	9	4	2
9	6	7	3	4	2	8	1	5
4	5	3	8	1	7	2	9	6
8	1	2	5	6	9	7	3	4

Answer 14

8	1	3	9	2	6	4	5	7
4	6	9	8	7	5	3	2	1
7	5	2	1	3	4	9	6	8
1	8	6	2	4	7	5	3	9
9	3	5	6	8	1	7	4	2
2	4	7	5	9	3	1	8	6
5	2	8	4	1	9	6	7	3
6	7	1	3	5	2	8	9	4
3	9	4	7	6	8	2	1	5

Answer 15

2	1	7	5	4	3	6	8	9
9	4	3	8	7	6	5	2	1
5	8	6	1	9	2	4	3	7
6	2	1	9	5	8	3	7	4
8	5	9	7	3	4	2	1	6
3	7	4	2	6	1	9	5	8
1	9	2	4	8	5	7	6	3
7	6	8	3	2	9	1	4	5
4	3	5	6	1	7	8	9	2

Answer 16

8	6	4	1	7	2	3	5	9
9	7	5	6	4	3	8	1	2
1	2	3	9	8	5	4	7	6
7	1	9	4	3	6	5	2	8
2	3	6	5	1	8	7	9	4
4	5	8	2	9	7	6	3	1
6	4	2	3	5	1	9	8	7
3	9	7	8	2	4	1	6	5
5	8	1	7	6	9	2	4	3

 Answer 17

3	6	9	1	5	7	8	2	4
8	7	5	4	2	6	9	1	3
1	2	4	8	9	3	5	6	7
4	5	6	7	3	1	2	9	8
2	9	8	5	6	4	7	3	1
7	1	3	2	8	9	4	5	6
9	4	1	6	7	5	3	8	2
5	8	7	3	1	2	6	4	9
6	3	2	9	4	8	1	7	5

 Answer 18

7	8	9	2	5	3	6	4	1
1	5	4	6	7	8	2	3	9
2	3	6	4	9	1	5	8	7
8	7	1	9	4	2	3	5	6
3	4	2	5	1	6	9	7	8
9	6	5	8	3	7	1	2	4
6	9	7	3	2	4	8	1	5
5	1	3	7	8	9	4	6	2
4	2	8	1	6	5	7	9	3

 Answer 19

1	6	5	2	7	9	8	3	4
4	9	3	6	8	5	2	7	1
2	8	7	1	4	3	5	6	9
7	3	4	5	9	6	1	8	2
8	5	9	7	1	2	6	4	3
6	2	1	4	3	8	7	9	5
3	1	2	9	6	7	4	5	8
9	4	6	8	5	1	3	2	7
5	7	8	3	2	4	9	1	6

 Answer 20

2	1	7	3	9	6	4	8	5
4	3	5	7	2	8	6	9	1
6	9	8	1	4	5	3	7	2
7	5	9	6	1	2	8	4	3
1	4	3	8	5	9	2	6	7
8	6	2	4	7	3	1	5	9
9	7	1	2	8	4	5	3	6
3	2	4	5	6	7	9	1	8
5	8	6	9	3	1	7	2	4

🌼 Answer 21

7	1	3	4	8	2	9	5	6
9	4	5	6	7	3	8	2	1
2	8	6	9	5	1	3	4	7
8	5	4	2	9	7	1	6	3
1	6	2	5	3	8	7	9	4
3	7	9	1	6	4	2	8	5
6	2	7	3	4	9	5	1	8
4	3	1	8	2	5	6	7	9
5	9	8	7	1	6	4	3	2

🌼 Answer 22

5	4	6	3	8	1	2	7	9
1	7	2	5	6	9	3	8	4
8	3	9	2	7	4	6	1	5
7	9	8	6	3	5	1	4	2
3	2	4	7	1	8	9	5	6
6	5	1	9	4	2	7	3	8
2	8	7	1	5	6	4	9	3
9	1	5	4	2	3	8	6	7
4	6	3	8	9	7	5	2	1

🌼 Answer 23

8	4	6	3	2	7	5	1	9
1	3	9	6	5	8	7	4	2
2	7	5	9	1	4	8	6	3
7	9	3	1	4	2	6	8	5
6	8	1	7	9	5	2	3	4
4	5	2	8	3	6	9	7	1
5	6	4	2	7	1	3	9	8
9	2	8	4	6	3	1	5	7
3	1	7	5	8	9	4	2	6

🌼 Answer 24

8	7	6	5	4	3	2	9	1
4	9	1	2	6	8	5	7	3
5	3	2	9	7	1	4	6	8
6	1	7	3	2	4	8	5	9
3	8	9	7	1	5	6	4	2
2	5	4	8	9	6	3	1	7
1	6	8	4	3	7	9	2	5
7	2	5	6	8	9	1	3	4
9	4	3	1	5	2	7	8	6

Answer 25

3	8	5	4	1	2	9	6	7
6	4	2	3	9	7	5	1	8
1	9	7	8	6	5	2	4	3
4	6	9	2	5	3	7	8	1
5	7	8	1	4	9	6	3	2
2	1	3	7	8	6	4	5	9
7	3	6	5	2	8	1	9	4
8	5	1	9	7	4	3	2	6
9	2	4	6	3	1	8	7	5

Answer 26

9	7	2	1	4	6	8	5	3
3	8	4	7	5	2	1	6	9
1	6	5	8	3	9	2	7	4
6	4	1	2	8	3	7	9	5
2	5	9	4	1	7	3	8	6
7	3	8	6	9	5	4	1	2
8	1	3	9	6	4	5	2	7
5	2	6	3	7	1	9	4	8
4	9	7	5	2	8	6	3	1

Answer 27

4	9	3	1	5	8	2	6	7
6	2	1	3	4	7	8	5	9
5	8	7	9	6	2	3	1	4
1	5	8	4	3	6	9	7	2
7	3	6	2	8	9	5	4	1
9	4	2	7	1	5	6	8	3
3	6	9	8	7	1	4	2	5
2	1	5	6	9	4	7	3	8
8	7	4	5	2	3	1	9	6

Answer 28

3	1	2	6	5	9	8	4	7
6	7	5	1	4	8	3	9	2
4	9	8	2	3	7	1	6	5
7	3	6	8	2	1	4	5	9
2	8	4	3	9	5	7	1	6
9	5	1	7	6	4	2	8	3
1	2	7	5	8	6	9	3	4
5	4	3	9	1	2	6	7	8
8	6	9	4	7	3	5	2	1

Answer 29

1	7	6	9	2	5	8	4	3
3	5	4	8	1	6	7	9	2
2	9	8	3	7	4	6	1	5
6	4	2	7	9	8	5	3	1
8	1	5	6	3	2	4	7	9
9	3	7	5	4	1	2	6	8
7	8	1	2	6	3	9	5	4
5	6	3	4	8	9	1	2	7
4	2	9	1	5	7	3	8	6

Answer 30

8	4	7	5	3	9	1	6	2
3	6	9	1	2	4	7	8	5
1	2	5	8	6	7	3	4	9
7	3	2	9	1	8	4	5	6
6	9	4	2	5	3	8	7	1
5	1	8	7	4	6	9	2	3
9	8	3	6	7	2	5	1	4
2	7	1	4	9	5	6	3	8
4	5	6	3	8	1	2	9	7

Answer 31

5	7	9	6	8	1	4	2	3
8	4	3	9	5	2	7	6	1
6	1	2	3	7	4	5	9	8
4	3	6	8	1	9	2	5	7
1	2	5	7	4	6	3	8	9
7	9	8	2	3	5	1	4	6
9	8	4	1	2	7	6	3	5
2	6	7	5	9	3	8	1	4
3	5	1	4	6	8	9	7	2

Answer 32

8	2	6	4	9	5	1	7	3
5	3	4	8	7	1	9	2	6
1	7	9	2	3	6	4	5	8
2	6	7	1	8	9	3	4	5
3	9	1	5	2	4	8	6	7
4	5	8	3	6	7	2	9	1
9	1	5	6	4	8	7	3	2
7	8	3	9	5	2	6	1	4
6	4	2	7	1	3	5	8	9

 Answer 33

6	5	3	2	1	8	7	4	9
1	8	7	5	4	9	2	6	3
9	4	2	6	7	3	8	1	5
7	3	1	4	9	6	5	8	2
4	9	8	7	2	5	1	3	6
5	2	6	3	8	1	9	7	4
3	7	5	8	6	2	4	9	1
8	6	9	1	5	4	3	2	7
2	1	4	9	3	7	6	5	8

 Answer 34

9	8	2	5	7	3	1	6	4
5	1	6	9	2	4	3	8	7
3	4	7	6	8	1	2	9	5
1	7	9	3	4	8	5	2	6
2	6	3	1	9	5	4	7	8
8	5	4	2	6	7	9	3	1
6	9	8	4	5	2	7	1	3
7	3	5	8	1	9	6	4	2
4	2	1	7	3	6	8	5	9

Answer 35

9	7	3	4	6	8	1	2	5
4	6	1	5	2	7	9	3	8
2	8	5	1	3	9	4	7	6
3	1	6	7	9	2	8	5	4
8	4	7	3	1	5	2	6	9
5	2	9	6	8	4	3	1	7
6	9	2	8	5	1	7	4	3
7	3	8	2	4	6	5	9	1
1	5	4	9	7	3	6	8	2

Answer 36

1	2	3	4	8	6	5	7	9
7	4	8	2	5	9	1	3	6
6	9	5	7	1	3	2	4	8
8	5	6	3	4	2	7	9	1
2	7	4	5	9	1	8	6	3
9	3	1	8	6	7	4	2	5
5	6	9	1	2	4	3	8	7
4	1	7	6	3	8	9	5	2
3	8	2	9	7	5	6	1	4

🌼 Answer 37

9	2	7	1	3	6	5	8	4
8	5	3	7	9	4	2	6	1
6	1	4	8	5	2	9	3	7
4	3	1	6	7	9	8	2	5
7	6	5	2	8	3	4	1	9
2	8	9	5	4	1	6	7	3
3	7	8	9	2	5	1	4	6
5	4	6	3	1	8	7	9	2
1	9	2	4	6	7	3	5	8

🌼 Answer 38

3	1	2	5	8	6	9	7	4
6	7	4	9	2	1	5	3	8
8	9	5	4	3	7	1	6	2
2	6	1	8	4	5	3	9	7
7	4	9	2	6	3	8	1	5
5	8	3	1	7	9	2	4	6
1	5	7	6	9	2	4	8	3
9	3	8	7	5	4	6	2	1
4	2	6	3	1	8	7	5	9

🌼 Answer 39

1	4	3	8	7	9	5	6	2
6	9	2	4	5	1	8	7	3
8	5	7	2	3	6	9	1	4
7	2	6	1	8	4	3	5	9
5	3	8	9	6	7	4	2	1
4	1	9	3	2	5	6	8	7
2	8	5	7	9	3	1	4	6
9	7	1	6	4	8	2	3	5
3	6	4	5	1	2	7	9	8

🌼 Answer 40

7	6	9	2	4	1	5	3	8
3	2	8	6	9	5	4	1	7
4	5	1	7	3	8	6	2	9
1	4	7	3	6	2	9	8	5
5	8	6	1	7	9	2	4	3
2	9	3	5	8	4	1	7	6
9	3	5	4	1	7	8	6	2
6	1	2	8	5	3	7	9	4
8	7	4	9	2	6	3	5	1

Answer 41

8	1	2	3	9	4	6	5	7
4	7	5	6	2	8	3	1	9
6	3	9	1	5	7	2	8	4
5	9	1	7	3	2	8	4	6
2	8	3	4	1	6	9	7	5
7	4	6	5	8	9	1	2	3
1	6	4	8	7	3	5	9	2
3	2	8	9	4	5	7	6	1
9	5	7	2	6	1	4	3	8

Answer 42

5	2	9	1	8	4	3	6	7
8	6	3	5	9	7	1	4	2
1	7	4	6	3	2	5	9	8
9	4	1	2	6	3	7	8	5
6	8	2	9	7	5	4	3	1
3	5	7	8	4	1	6	2	9
2	3	5	4	1	9	8	7	6
7	9	6	3	5	8	2	1	4
4	1	8	7	2	6	9	5	3

Answer 43

4	2	6	1	9	8	3	7	5
1	7	5	4	3	6	8	9	2
9	8	3	7	2	5	6	4	1
3	5	9	2	6	7	4	1	8
8	4	2	5	1	9	7	3	6
6	1	7	3	8	4	5	2	9
2	9	4	6	5	3	1	8	7
5	3	8	9	7	1	2	6	4
7	6	1	8	4	2	9	5	3

Answer 44

2	9	7	3	6	1	8	4	5
1	8	4	2	7	5	9	6	3
3	6	5	4	8	9	7	2	1
4	2	8	5	1	7	3	9	6
6	1	3	9	4	8	5	7	2
7	5	9	6	2	3	4	1	8
9	3	6	7	5	2	1	8	4
5	4	1	8	9	6	2	3	7
8	7	2	1	3	4	6	5	9

Answer 45

9	6	7	5	4	1	8	3	2
2	3	8	7	9	6	4	1	5
5	1	4	8	3	2	6	7	9
8	2	9	3	7	5	1	4	6
3	7	6	4	1	9	5	2	8
4	5	1	6	2	8	3	9	7
6	9	3	2	5	4	7	8	1
1	4	5	9	8	7	2	6	3
7	8	2	1	6	3	9	5	4

 Answer 46

2	9	3	7	5	4	1	8	6
6	8	5	3	1	9	2	7	4
7	4	1	6	8	2	3	9	5
8	5	2	1	3	6	9	4	7
9	1	6	2	4	7	5	3	8
4	3	7	5	9	8	6	2	1
1	6	4	9	7	3	8	5	2
3	2	8	4	6	5	7	1	9
5	7	9	8	2	1	4	6	3

Answer 47

8	7	1	5	4	6	2	9	3
5	4	3	2	7	9	8	6	1
2	6	9	3	1	8	4	5	7
7	3	4	6	9	5	1	8	2
9	5	8	1	2	7	6	3	4
1	2	6	8	3	4	5	7	9
6	1	2	7	5	3	9	4	8
3	9	5	4	8	1	7	2	6
4	8	7	9	6	2	3	1	5

Answer 48

7	1	4	5	2	9	3	8	6
8	3	2	7	6	1	5	9	4
5	9	6	4	3	8	2	7	1
3	4	8	2	7	6	9	1	5
1	5	7	9	4	3	6	2	8
6	2	9	8	1	5	7	4	3
2	6	1	3	9	4	8	5	7
4	7	5	6	8	2	1	3	9
9	8	3	1	5	7	4	6	2

 Answer 49

3	8	5	4	1	9	7	6	2
9	7	2	3	8	6	4	1	5
1	4	6	5	2	7	8	9	3
5	3	9	1	6	4	2	7	8
6	2	4	9	7	8	3	5	1
8	1	7	2	3	5	9	4	6
7	5	8	6	4	2	1	3	9
4	6	1	8	9	3	5	2	7
2	9	3	7	5	1	6	8	4

 Answer 50

7	5	3	2	9	8	1	4	6
4	2	8	5	1	6	9	3	7
1	9	6	7	4	3	2	8	5
9	6	4	1	8	5	7	2	3
3	7	5	6	2	4	8	1	9
8	1	2	9	3	7	6	5	4
2	3	1	4	6	9	5	7	8
5	4	9	8	7	2	3	6	1
6	8	7	3	5	1	4	9	2

Answer 51

4	3	6	2	7	1	9	5	8
9	1	2	5	8	4	3	7	6
7	8	5	6	3	9	1	4	2
3	7	9	1	5	6	8	2	4
1	6	4	8	9	2	7	3	5
5	2	8	7	4	3	6	9	1
2	4	7	3	6	8	5	1	9
6	5	1	9	2	7	4	8	3
8	9	3	4	1	5	2	6	7

Answer 52

8	6	3	5	1	9	4	7	2
1	9	7	4	2	6	8	5	3
4	2	5	3	8	7	6	9	1
2	8	6	1	7	3	5	4	9
3	5	1	9	4	8	2	6	7
7	4	9	2	6	5	1	3	8
9	1	2	6	3	4	7	8	5
6	3	8	7	5	1	9	2	4
5	7	4	8	9	2	3	1	6

Answer 53

5	7	9	6	8	4	1	3	2
4	2	8	3	1	9	5	6	7
6	1	3	7	2	5	8	9	4
1	3	5	2	9	8	7	4	6
8	9	6	4	7	1	2	5	3
2	4	7	5	3	6	9	1	8
7	5	2	1	6	3	4	8	9
3	8	4	9	5	7	6	2	1
9	6	1	8	4	2	3	7	5

Answer 54

2	3	8	6	1	4	7	9	5
1	7	6	5	9	2	4	8	3
5	4	9	8	7	3	1	2	6
6	1	2	3	5	9	8	7	4
8	9	3	4	6	7	5	1	2
4	5	7	2	8	1	3	6	9
9	2	4	7	3	8	6	5	1
3	8	5	1	2	6	9	4	7
7	6	1	9	4	5	2	3	8

Answer 55

4	7	5	3	8	6	9	1	2
2	8	6	9	4	1	7	3	5
1	3	9	2	5	7	4	6	8
8	1	3	7	9	4	2	5	6
6	2	7	8	1	5	3	4	9
5	9	4	6	2	3	1	8	7
7	4	1	5	6	9	8	2	3
9	6	2	4	3	8	5	7	1
3	5	8	1	7	2	6	9	4

Answer 56

3	6	2	1	9	8	7	4	5
7	9	5	4	3	6	1	2	8
1	8	4	7	5	2	6	9	3
8	7	6	5	2	1	9	3	4
2	1	9	3	4	7	5	8	6
5	4	3	8	6	9	2	1	7
6	3	1	9	8	5	4	7	2
9	5	8	2	7	4	3	6	1
4	2	7	6	1	3	8	5	9

Answer 57

8	6	4	7	2	5	3	1	9
1	3	9	4	8	6	7	5	2
5	7	2	9	1	3	8	6	4
7	1	6	2	5	4	9	3	8
2	5	3	8	6	9	1	4	7
4	9	8	3	7	1	6	2	5
6	8	1	5	4	7	2	9	3
9	4	7	6	3	2	5	8	1
3	2	5	1	9	8	4	7	6

Answer 58

5	6	8	7	9	3	4	1	2
2	7	4	5	6	1	3	8	9
3	9	1	2	4	8	6	5	7
1	5	9	6	3	7	8	2	4
8	3	2	4	5	9	7	6	1
7	4	6	1	8	2	5	9	3
6	2	5	3	1	4	9	7	8
9	1	3	8	7	6	2	4	5
4	8	7	9	2	5	1	3	6

Answer 59

4	1	5	2	6	3	7	9	8
9	6	2	8	4	7	5	3	1
7	8	3	5	1	9	4	6	2
1	3	4	6	5	8	9	2	7
2	5	8	7	9	1	6	4	3
6	9	7	4	3	2	8	1	5
5	2	1	9	8	6	3	7	4
3	4	9	1	7	5	2	8	6
8	7	6	3	2	4	1	5	9

Answer 60

7	6	8	4	9	2	3	5	1
3	5	4	1	7	8	2	6	9
9	2	1	5	6	3	8	7	4
8	7	6	9	3	4	1	2	5
1	9	3	6	2	5	7	4	8
5	4	2	7	8	1	6	9	3
6	3	7	8	5	9	4	1	2
2	1	9	3	4	6	5	8	7
4	8	5	2	1	7	9	3	6

Answer 61

1	7	6	5	3	8	4	2	9
2	8	5	1	9	4	6	3	7
9	4	3	7	6	2	1	8	5
7	3	1	2	4	9	8	5	6
4	2	8	6	7	5	3	9	1
6	5	9	3	8	1	7	4	2
5	1	7	8	2	3	9	6	4
8	6	4	9	5	7	2	1	3
3	9	2	4	1	6	5	7	8

Answer 62

3	5	7	8	4	6	2	1	9
9	8	4	2	5	1	7	3	6
6	2	1	3	9	7	8	4	5
8	7	3	5	1	2	6	9	4
4	9	2	6	7	3	5	8	1
1	6	5	9	8	4	3	7	2
5	4	8	7	2	9	1	6	3
7	1	6	4	3	5	9	2	8
2	3	9	1	6	8	4	5	7

Answer 63

2	3	7	1	5	6	9	4	8
9	4	6	8	3	2	5	1	7
5	1	8	9	4	7	2	6	3
6	8	1	3	9	5	4	7	2
3	2	4	7	1	8	6	5	9
7	5	9	2	6	4	3	8	1
1	6	3	5	7	9	8	2	4
4	7	2	6	8	3	1	9	5
8	9	5	4	2	1	7	3	6

Answer 64

8	4	7	3	1	6	5	9	2
9	3	2	4	5	8	6	7	1
6	1	5	9	7	2	3	4	8
3	7	1	8	2	9	4	5	6
4	8	9	5	6	7	2	1	3
5	2	6	1	4	3	7	8	9
7	5	8	6	3	1	9	2	4
1	6	4	2	9	5	8	3	7
2	9	3	7	8	4	1	6	5

Answer 65

3	6	4	9	1	2	8	7	5
9	1	8	3	7	5	6	2	4
2	7	5	8	6	4	1	9	3
1	4	9	6	2	8	3	5	7
6	5	2	1	3	7	4	8	9
8	3	7	5	4	9	2	1	6
5	9	3	4	8	1	7	6	2
4	2	1	7	9	6	5	3	8
7	8	6	2	5	3	9	4	1

Answer 66

8	5	9	4	1	2	7	3	6
2	3	4	7	5	6	9	8	1
7	1	6	9	3	8	2	4	5
6	9	8	5	2	1	4	7	3
3	7	1	6	4	9	5	2	8
4	2	5	8	7	3	6	1	9
1	6	3	2	9	7	8	5	4
9	4	2	1	8	5	3	6	7
5	8	7	3	6	4	1	9	2

Answer 67

5	8	2	9	4	7	1	3	6
4	1	9	6	3	2	7	8	5
6	7	3	8	5	1	2	4	9
8	4	7	3	1	9	6	5	2
2	5	1	4	6	8	9	7	3
3	9	6	7	2	5	8	1	4
7	6	5	1	9	3	4	2	8
9	3	8	2	7	4	5	6	1
1	2	4	5	8	6	3	9	7

Answer 68

7	2	4	3	9	1	5	8	6
6	9	1	5	8	2	7	4	3
3	8	5	6	4	7	1	2	9
2	3	6	1	5	4	8	9	7
1	4	7	9	3	8	2	6	5
8	5	9	2	7	6	4	3	1
4	6	3	8	1	5	9	7	2
5	7	2	4	6	9	3	1	8
9	1	8	7	2	3	6	5	4

Answer 69

9	8	6	2	1	7	4	3	5
7	2	5	3	8	4	1	6	9
3	4	1	9	5	6	7	2	8
6	5	9	1	2	8	3	7	4
2	3	7	4	9	5	8	1	6
4	1	8	6	7	3	9	5	2
8	6	3	5	4	1	2	9	7
1	9	4	7	6	2	5	8	3
5	7	2	8	3	9	6	4	1

Answer 70

1	9	8	7	3	4	2	5	6
3	4	6	2	1	5	8	9	7
7	2	5	6	8	9	1	4	3
4	8	7	5	2	6	9	3	1
5	3	2	8	9	1	7	6	4
9	6	1	3	4	7	5	8	2
6	1	4	9	7	8	3	2	5
2	5	9	1	6	3	4	7	8
8	7	3	4	5	2	6	1	9

Answer 71

6	1	9	5	3	8	7	4	2
7	5	3	1	4	2	8	9	6
4	8	2	7	9	6	3	5	1
3	6	5	8	1	9	4	2	7
2	7	1	3	6	4	5	8	9
9	4	8	2	5	7	6	1	3
8	9	6	4	7	1	2	3	5
5	2	7	9	8	3	1	6	4
1	3	4	6	2	5	9	7	8

Answer 72

4	8	3	5	6	2	1	7	9
2	7	5	1	9	4	6	8	3
1	6	9	7	3	8	4	5	2
3	9	6	2	5	1	8	4	7
7	5	4	3	8	6	9	2	1
8	1	2	9	4	7	5	3	6
9	3	1	8	2	5	7	6	4
6	2	8	4	7	9	3	1	5
5	4	7	6	1	3	2	9	8

Answer 73

1	8	6	3	2	9	5	7	4
7	9	5	4	8	1	3	6	2
3	2	4	7	5	6	8	1	9
2	4	8	1	9	7	6	5	3
5	1	3	2	6	8	4	9	7
6	7	9	5	4	3	1	2	8
9	3	2	8	1	5	7	4	6
8	6	1	9	7	4	2	3	5
4	5	7	6	3	2	9	8	1

Answer 74

9	8	4	3	2	5	1	7	6
1	3	6	9	8	7	4	2	5
5	2	7	4	1	6	9	8	3
3	1	5	8	9	4	2	6	7
4	9	8	7	6	2	5	3	1
6	7	2	5	3	1	8	4	9
2	6	9	1	4	3	7	5	8
7	4	1	6	5	8	3	9	2
8	5	3	2	7	9	6	1	4

Answer 75

2	6	7	8	1	5	4	9	3
5	1	3	4	6	9	7	2	8
4	8	9	3	7	2	1	6	5
6	3	2	5	4	7	9	8	1
9	7	1	6	2	8	3	5	4
8	5	4	9	3	1	6	7	2
7	4	6	2	5	3	8	1	9
1	9	5	7	8	4	2	3	6
3	2	8	1	9	6	5	4	7

Answer 76

3	8	7	6	9	1	4	5	2
9	5	2	8	7	4	3	6	1
4	1	6	2	5	3	7	9	8
5	6	9	7	3	2	8	1	4
2	7	4	1	6	8	5	3	9
8	3	1	9	4	5	2	7	6
1	4	3	5	8	9	6	2	7
6	2	8	3	1	7	9	4	5
7	9	5	4	2	6	1	8	3

Answer 77

8	2	9	6	4	3	5	7	1
3	1	5	7	2	9	4	8	6
6	4	7	1	5	8	9	2	3
2	9	6	8	1	4	7	3	5
7	5	3	2	9	6	1	4	8
1	8	4	3	7	5	2	6	9
5	7	8	9	6	2	3	1	4
9	6	2	4	3	1	8	5	7
4	3	1	5	8	7	6	9	2

Answer 78

7	4	8	6	1	3	5	2	9
3	1	2	9	4	5	8	6	7
9	6	5	7	8	2	4	1	3
4	9	7	1	2	6	3	8	5
1	8	3	5	9	4	2	7	6
2	5	6	8	3	7	9	4	1
6	2	1	4	5	9	7	3	8
8	3	9	2	7	1	6	5	4
5	7	4	3	6	8	1	9	2

Answer 79

5	2	9	4	1	3	7	8	6
4	7	3	8	2	6	5	1	9
8	1	6	5	9	7	2	4	3
1	4	8	6	3	5	9	7	2
9	6	7	2	4	8	3	5	1
2	3	5	9	7	1	8	6	4
3	5	2	1	8	4	6	9	7
7	8	1	3	6	9	4	2	5
6	9	4	7	5	2	1	3	8

Answer 80

4	8	5	2	9	1	7	6	3
2	6	1	3	5	7	8	9	4
9	7	3	4	8	6	2	5	1
3	2	6	1	7	8	5	4	9
7	5	4	9	2	3	1	8	6
1	9	8	5	6	4	3	2	7
6	1	2	7	4	5	9	3	8
5	4	7	8	3	9	6	1	2
8	3	9	6	1	2	4	7	5

SUDOKU ANSWERS

Answer 81

3	6	9	8	4	1	5	2	7
8	2	7	5	9	6	4	1	3
1	4	5	2	7	3	9	8	6
5	9	2	4	6	7	1	3	8
7	8	3	9	1	5	6	4	2
4	1	6	3	8	2	7	9	5
6	3	8	1	5	4	2	7	9
9	5	1	7	2	8	3	6	4
2	7	4	6	3	9	8	5	1

Answer 82

7	3	9	1	5	4	6	8	2
6	8	1	3	9	2	5	7	4
5	2	4	8	7	6	1	9	3
1	4	8	5	6	9	2	3	7
2	7	6	4	1	3	9	5	8
9	5	3	7	2	8	4	1	6
4	9	7	2	8	1	3	6	5
3	6	5	9	4	7	8	2	1
8	1	2	6	3	5	7	4	9

Answer 83

3	9	6	4	7	8	2	5	1
4	2	7	5	9	1	6	8	3
1	5	8	3	6	2	9	7	4
7	8	4	1	2	3	5	9	6
9	6	1	8	5	7	3	4	2
5	3	2	9	4	6	7	1	8
8	1	5	2	3	9	4	6	7
6	4	3	7	8	5	1	2	9
2	7	9	6	1	4	8	3	5

Answer 84

1	7	6	8	4	9	3	5	2
8	5	9	3	2	6	4	7	1
2	3	4	5	7	1	6	9	8
9	4	1	7	5	3	2	8	6
5	2	8	9	6	4	1	3	7
3	6	7	1	8	2	9	4	5
4	1	5	2	9	7	8	6	3
7	9	3	6	1	8	5	2	4
6	8	2	4	3	5	7	1	9

Answer 85

5	4	6	7	3	8	2	9	1
3	1	9	2	4	5	6	8	7
7	8	2	1	9	6	4	3	5
8	7	4	9	6	2	1	5	3
1	9	3	4	5	7	8	2	6
2	6	5	3	8	1	9	7	4
4	3	7	8	1	9	5	6	2
6	2	8	5	7	4	3	1	9
9	5	1	6	2	3	7	4	8

Answer 86

5	1	4	6	3	8	9	7	2
3	9	8	7	5	2	4	1	6
6	2	7	9	4	1	5	3	8
8	3	6	1	7	5	2	9	4
9	5	1	8	2	4	3	6	7
4	7	2	3	6	9	8	5	1
1	4	9	5	8	6	7	2	3
7	8	5	2	1	3	6	4	9
2	6	3	4	9	7	1	8	5

Answer 87

1	3	2	6	5	9	7	4	8
5	8	7	3	4	2	9	6	1
4	9	6	1	7	8	2	5	3
9	4	8	5	3	1	6	2	7
2	5	1	7	9	6	3	8	4
6	7	3	2	8	4	5	1	9
3	6	9	4	1	5	8	7	2
7	2	4	8	6	3	1	9	5
8	1	5	9	2	7	4	3	6

Answer 88

9	1	4	2	7	8	6	3	5
6	2	7	1	5	3	8	4	9
8	5	3	9	4	6	2	1	7
7	8	2	3	6	4	5	9	1
1	4	5	8	9	7	3	2	6
3	6	9	5	1	2	7	8	4
4	3	6	7	8	9	1	5	2
2	9	1	6	3	5	4	7	8
5	7	8	4	2	1	9	6	3

Answer 89

3	7	6	5	9	2	8	4	1
8	1	2	6	4	7	9	3	5
5	9	4	1	8	3	7	2	6
6	3	5	8	2	9	4	1	7
4	8	9	7	5	1	3	6	2
1	2	7	4	3	6	5	9	8
9	5	1	2	7	4	6	8	3
7	6	3	9	1	8	2	5	4
2	4	8	3	6	5	1	7	9

Answer 90

9	1	4	8	5	7	6	3	2
5	6	7	2	4	3	9	1	8
3	2	8	9	1	6	4	5	7
2	7	1	5	9	8	3	4	6
8	9	3	6	7	4	1	2	5
4	5	6	3	2	1	8	7	9
7	4	5	1	6	9	2	8	3
1	8	9	7	3	2	5	6	4
6	3	2	4	8	5	7	9	1

Answer 91

8	7	4	6	9	2	1	5	3
3	6	1	8	5	7	9	2	4
5	9	2	1	3	4	7	6	8
4	5	6	3	7	1	8	9	2
2	3	9	4	8	6	5	7	1
1	8	7	5	2	9	3	4	6
6	2	8	9	1	5	4	3	7
7	1	5	2	4	3	6	8	9
9	4	3	7	6	8	2	1	5

Answer 92

5	4	9	3	1	8	7	6	2
2	3	6	7	9	4	5	1	8
1	7	8	5	2	6	4	9	3
7	8	1	6	4	9	3	2	5
3	6	4	1	5	2	8	7	9
9	2	5	8	3	7	6	4	1
4	5	2	9	6	3	1	8	7
8	9	3	4	7	1	2	5	6
6	1	7	2	8	5	9	3	4

Answer 93

2	4	6	9	8	1	5	3	7
1	5	8	6	3	7	4	9	2
3	7	9	4	2	5	8	6	1
6	8	1	5	4	2	3	7	9
5	3	4	1	7	9	2	8	6
7	9	2	8	6	3	1	4	5
9	6	3	2	5	8	7	1	4
4	2	7	3	1	6	9	5	8
8	1	5	7	9	4	6	2	3

Answer 94

5	1	9	2	6	3	8	4	7
6	8	2	4	1	7	9	5	3
3	7	4	9	5	8	1	6	2
9	3	8	1	7	6	4	2	5
7	5	6	8	4	2	3	1	9
4	2	1	5	3	9	7	8	6
8	9	3	6	2	4	5	7	1
1	6	7	3	8	5	2	9	4
2	4	5	7	9	1	6	3	8

Answer 95

1	2	9	3	4	5	7	6	8
3	7	6	1	8	2	4	9	5
5	8	4	9	6	7	3	2	1
9	5	7	4	1	3	2	8	6
4	6	1	2	9	8	5	7	3
8	3	2	7	5	6	9	1	4
7	1	3	6	2	4	8	5	9
2	9	8	5	3	1	6	4	7
6	4	5	8	7	9	1	3	2

Answer 96

7	5	6	2	3	4	8	9	1
4	8	3	9	1	6	2	5	7
1	9	2	5	7	8	4	3	6
9	4	7	8	5	1	3	6	2
3	1	8	4	6	2	9	7	5
6	2	5	3	9	7	1	4	8
8	7	9	6	2	3	5	1	4
2	3	1	7	4	5	6	8	9
5	6	4	1	8	9	7	2	3

Answer 97

6	7	1	3	5	9	2	8	4
5	4	2	8	6	7	9	1	3
9	8	3	1	4	2	5	6	7
2	9	4	7	3	1	6	5	8
3	6	8	2	9	5	4	7	1
7	1	5	4	8	6	3	9	2
1	5	7	9	2	4	8	3	6
8	2	6	5	1	3	7	4	9
4	3	9	6	7	8	1	2	5

Answer 98

9	8	3	1	6	4	5	7	2
5	1	2	9	7	3	6	4	8
4	7	6	2	5	8	3	9	1
6	3	8	5	4	1	7	2	9
1	5	9	7	3	2	8	6	4
2	4	7	8	9	6	1	3	5
7	2	4	3	1	5	9	8	6
8	9	1	6	2	7	4	5	3
3	6	5	4	8	9	2	1	7

Answer 99

1	7	5	4	3	9	2	6	8
2	3	8	6	5	1	9	7	4
4	9	6	2	8	7	3	5	1
7	1	9	8	2	6	5	4	3
8	2	4	3	7	5	6	1	9
5	6	3	9	1	4	7	8	2
3	4	1	7	6	2	8	9	5
9	8	7	5	4	3	1	2	6
6	5	2	1	9	8	4	3	7

Answer 100

1	9	6	4	5	8	3	7	2
5	4	2	7	9	3	1	6	8
3	7	8	2	6	1	9	4	5
9	2	1	3	7	5	4	8	6
7	3	5	6	8	4	2	9	1
8	6	4	1	2	9	5	3	7
6	8	9	5	4	2	7	1	3
4	5	3	8	1	7	6	2	9
2	1	7	9	3	6	8	5	4

Answer 101

3	6	5	8	7	1	2	4	9
2	8	4	6	3	9	1	5	7
9	7	1	2	4	5	3	8	6
1	5	6	4	8	2	9	7	3
4	3	2	9	6	7	8	1	5
7	9	8	1	5	3	6	2	4
8	1	7	5	9	6	4	3	2
5	4	9	3	2	8	7	6	1
6	2	3	7	1	4	5	9	8

Answer 102

3	2	1	9	4	6	5	7	8
5	8	6	1	7	2	9	4	3
7	9	4	3	5	8	1	6	2
4	3	2	6	9	1	8	5	7
1	6	9	5	8	7	3	2	4
8	5	7	2	3	4	6	1	9
2	7	3	8	1	5	4	9	6
9	4	5	7	6	3	2	8	1
6	1	8	4	2	9	7	3	5

Answer 103

6	7	9	8	5	3	2	1	4
3	2	8	1	4	6	9	5	7
4	1	5	2	9	7	6	3	8
5	9	6	7	3	4	8	2	1
7	8	1	6	2	9	3	4	5
2	3	4	5	1	8	7	9	6
9	6	3	4	7	1	5	8	2
8	4	2	9	6	5	1	7	3
1	5	7	3	8	2	4	6	9

Answer 104

7	4	5	9	3	8	6	2	1
2	3	9	4	1	6	5	7	8
1	6	8	5	7	2	4	3	9
6	9	2	8	4	7	3	1	5
5	1	4	3	6	9	7	8	2
3	8	7	1	2	5	9	4	6
8	7	6	2	9	4	1	5	3
9	2	3	7	5	1	8	6	4
4	5	1	6	8	3	2	9	7

Answer 105

2	9	6	8	1	3	7	4	5
3	5	4	2	7	6	1	9	8
7	1	8	9	5	4	3	6	2
1	7	9	3	2	5	4	8	6
5	4	3	7	6	8	9	2	1
8	6	2	4	9	1	5	7	3
6	8	7	5	3	9	2	1	4
4	2	5	1	8	7	6	3	9
9	3	1	6	4	2	8	5	7

Answer 106

8	2	5	1	6	7	9	3	4
4	9	6	2	3	8	1	7	5
1	7	3	5	4	9	2	6	8
2	3	1	8	5	4	7	9	6
6	4	7	9	2	1	5	8	3
9	5	8	3	7	6	4	1	2
3	6	9	4	1	5	8	2	7
7	8	4	6	9	2	3	5	1
5	1	2	7	8	3	6	4	9

Answer 107

9	6	1	8	3	4	2	7	5
4	2	7	9	1	5	3	6	8
5	3	8	2	7	6	4	9	1
3	8	5	1	6	9	7	4	2
1	4	6	7	2	8	9	5	3
7	9	2	5	4	3	8	1	6
2	1	9	6	8	7	5	3	4
8	7	3	4	5	1	6	2	9
6	5	4	3	9	2	1	8	7

Answer 108

6	3	5	8	7	4	9	1	2
4	2	9	5	6	1	8	3	7
1	7	8	9	3	2	6	4	5
7	5	6	4	8	9	3	2	1
2	8	3	1	5	7	4	6	9
9	1	4	6	2	3	5	7	8
8	6	1	7	4	5	2	9	3
3	4	7	2	9	8	1	5	6
5	9	2	3	1	6	7	8	4

Answer 109

9	4	3	1	7	6	8	2	5
2	1	7	8	5	4	6	9	3
8	6	5	9	3	2	1	4	7
4	3	9	5	6	1	2	7	8
1	8	6	2	4	7	3	5	9
7	5	2	3	8	9	4	1	6
3	7	8	4	1	5	9	6	2
6	2	4	7	9	3	5	8	1
5	9	1	6	2	8	7	3	4

 Answer 110

5	8	2	1	7	6	3	9	4
3	9	6	4	5	8	1	2	7
7	1	4	3	2	9	5	6	8
4	6	5	9	3	2	7	8	1
1	3	9	6	8	7	4	5	2
8	2	7	5	4	1	9	3	6
6	4	1	8	9	5	2	7	3
2	5	8	7	1	3	6	4	9
9	7	3	2	6	4	8	1	5

 Answer 111

8	2	5	9	3	7	6	1	4
6	7	9	2	4	1	8	3	5
4	1	3	8	6	5	2	7	9
9	3	4	6	5	8	7	2	1
5	8	2	7	1	3	9	4	6
7	6	1	4	2	9	3	5	8
2	5	6	3	8	4	1	9	7
3	4	7	1	9	6	5	8	2
1	9	8	5	7	2	4	6	3

SUDOKU

초판 1쇄 발행 2008년 6월 5일
초판 3쇄 발행 2011년 8월 8일

편   저 | 니콜리
펴낸이 | 양봉숙
편   집 | 김윤희
디자인 | 김선희
마케팅 | 이주철

펴낸곳 | 예스북
출판등록 | 2005년 3월 21일 제320-2005-25호
주소 | 서울시 마포구 노고산동 57-46 아이스페이스 1107호
전화 | (02) 337-3053
팩스 | (02) 337-3054
E-mail | yesbooks@naver.com
홈페이지 | www.e-yesbook.co.kr

ISBN 978-89-92197-31-1 14410
ISBN 978-89-92197-28-1